Historia Natural
Sancti Spiritus.

MUSEO DE HISTORIA NATURAL DE SANCTI SPÍRITUS

"JUAN CRISTÓBAL GUNDLACH"

Situación actual de *Melocactus guitartii* León, 1934; endémico estricto de la provincia Sancti Spíritus, Cuba.

MSc. Abel Hernández Muñoz

2016

INTRODUCCIÓN

Los cactus cubanos han sido motivo de interés para numerosos botánicos desde épocas tan lejanas como el siglo XVI. Es posible que de Cuba, fueron los primeros los primeros representantes de la familia *Cactaceae* que arribaron a España, como parte de las muestras de plantas y animales que Cristóbal Colón a sus majestades los Reyes Católicos, muy probablemente pertenecientes a los géneros *Melocactus* y *Opuntia* (Kupper, 1928).

Su exótica apariencia y los usos que la población aborigen hacía de ellos, quedaron recogidos en las narraciones de Fernández de Oviedo Valdés, primer cronista del Nuevo Mundo, en su interesante obra "Historia General y Natural de las Indias, Islas y Tierra Firme de la Mar Océano", publicada alrededor de 1535.

Se considera que la primera descripción botánica realizada de una especie de cacto fue la hecha por Pedro Peña y Mathias LÒbel, de una planta proveniente de las entonces nombradas Indias Occidentales (hoy Antillas Mayores), y cultivada en un jardín botánico de Londres, que correspondía a un individuo de *Melocactus* (Bravo y Scheinvar, 1995).

A partir de entonces, y durante todo el siglo XVIII, renombrados especialistas como Tournefordt, Jussieu, Plumier, Salm Dyck y Linneo describieron numerosas especies basándose en los ejemplares que fueron llevados, principalmente desde México. Correspondió al botánico sueco Carlos Linneo (1753) la paternidad del nombre en latín *Cactus* designado para agrupar y nombrar de manera genérica estas plantas, que provenientes de América fueron llegando al viejo continente. El término se deriva de la palabra griega Kaktoj que significa planta espinosa.

A través de las primeras exploraciones botánicas realizadas en los siglos XVII, XVIII y XIX, como las del Conde de Mopox, Alexander von Humboldt y Aimeé Bonpland, Martín Sessé, Otto Karwinsky, Henr Delessert y otros, comienzan a conocerse las plantas cubanas en Europa, `pero no es hasta mediados del siglo XIX y primera mitad del XX, que empiezan a estudiarse los cactos cubanos con sistematicidad. Entre los científicos más importantes dedicados a su estudio figuran August P. De Candolle, Achile Richard, August Grisebach, Nathaniel Britton, Joseph Rose, Juan Tomás Roig Mesa y los hermanos jesuitas León y Alain, profesores del Colegio de La Salle y autores de la más notable obra sobre botánica en Cuba, "La flora de Cuba", publicada en cinco tomos y un suplemento (1946, 1951, 1953, 1957, 1964 y 1969).

El desconocimiento de los cactos en Europa antes de la llegada de los colonizadores al Nuevo Mundo tuvo su origen en que esta amplia y diversa familia es oriunda del continente americano. Esta exclusividad se debe a que el surgimiento y desarrollo de este grupo botánico es bastante reciente desde el punto de vista geológico (unos 90 millones de años). Surgieron y evolucionaron después que ocurrió la separación de las tierras que hoy constituyen los continentes africano y americano, razón por la cual, no existen cactos en África, a pesar de existir en algunas regiones condiciones climáticas muy similares a las de América Rodríguez, 2002).

En la actualidad se considera que la familia *Cactaceae* agrupa unas 2 000 especies y sus límites de distribución van desde los $59°$ de latitud Norte (en la porción septentrional de Canadá), hasta los 52^0 de latitud Sur (en la Patagonia argentina). Estas plantas crecen preferentemente en lugares secos con altísimas temperaturas (cerca de 50^0C), aunque algunas especies pueden vivir en las lluviosas selvas tropicales, desde el nivel del mar hasta los 5 100 m de altitud (Bravo y Scheinvar, 1995), lo que muestra de manera evidente su plasticidad ecológica y la potencialidad que han tenido para adaptarse a disímiles hábitat.

En la Isla de Cuba, los cactos ponen de manifiesto las mismas características adaptativas que en el resto del continente, es posible encontrarlos viviendo en pleno sol en las áreas más secas (costa Sur de Guantánamo), hasta lugares muy umbrosos y húmedos como los bosques de Sancti Spíritus).

Las especies endémicas alcanzan la cifra de más del 50% y aunque existen algunas de amplia distribución, que se encuentran por las selvas de América tropical continental, hay géneros en los que todas o casi todas las especies que viven en el país son exclusivas, como sucede con *Melocactus,* cuyo nombre genérico quiere decir en latín "cabeza de turco" y conocidos con el nombre vernáculo de "erizos".

El género *Melocactus* es uno de los más evolucionados de la familia *Cactaceae,* presenta una amplia distribución geográfica en el neotrópico. Las islas del Caribe contienen un número relativamente importante de especies donde una gran mayoría son endémicas, de las cuales las Antillas Mayores y en especial Cuba, muestran la mayor diversidad, considerándose desde el punto de vista sistemático 15 especies descritas. Para Cuba se han descrito 13 de estas especies, todas ellas endémicas. El presente trabajo se centra en el estudio de *Melocactus guitarti* León, considerada como un endémico estricto de la provincia de Sancti Spíritus. Esta especie se encuentra bajo la categoría de vulnerable según el Catálogo de Plantas Amenazadas (Borhidi y Muñiz, 1983).

El género *Melocactus*, cuyas especies se distinguen por esa particular estructura apical en forma de gorro constituido por numerosas cerdas, tiene en Cuba varias especies, todas endémicas. Esa estructura o "cefalio" (por parecer una cabeza), tiene la función de proteger las flores y los frutos. Los representantes de este género han sido los más sometidos a la desmedida extracción de sus hábitat por parte de coleccionistas y vendedores, pero a pesar de su extraordinario valor científico y la grave amenaza de extinción que se cierne sobre sus especies algunas de ellas son casi desconocidas para la ciencia como es el caso del cacto erizo de Sancti Spíritus *Melocactus guitartii* León, 1934. Una alternativa viable para la supervivencia de la especie sería la conservación *ex situ*, lográndose el cultivo y reproducción artificial de la especie en condiciones artificiales y ofertándolas a los coleccionistas para evitar el saqueo de sus poblaciones naturales.

Las cactáceas, en general, y esta especie en particular tienen un crecimiento muy lento, por lo que es necesario buscar las condiciones adecuadas para que estas plantas alcancen un tamaño comercial en el menor tiempo posible.

En nuestro país se está incrementando gradualmente el cultivo de las cactáceas, ya que existe una gran demanda interna y externa a pesar de tener esta planta ornamental un mercado estable, sus productores no cubren la demanda.

Los objetivos del presente trabajo son conocer el estado actual de las poblaciones de *M. guitarti* en su areal de distribución, restringido como endémico estricto a la Provincia de Sancti Spíritus; el estudio de los aspectos morfológicos y estructurales; así como evaluar el estado de conservación de la especie, en dichas localidades.

Además, aportar las experiencias en el cultivo de la planta que faciliten su reproducción y la comercialización de la especie sin que se pongan en riesgo los individuos de las poblaciones naturales, algunas de las cuales viven en localidades ubicadas dentro de los límites de áreas protegidas por lo que están sometidas a planes de manejo y conservación, pero otras carecen de protección alguna.

ANTECEDENTES

La familia cactáceas comprende cerca de 80 géneros y 1500 especies (Bartholott, 1979) encontradas en ambiente secos; con variedades de hábitos, más también ocurren en ambiente húmedos, generalmente como epífitas y trepadoras. Presenta distribución Neotropical, (Freitas, 1992).

Se distribuye desde Canadá hasta el Sur de Argentina es decir en los dos continentes americanos y las Antillas mayores y menores. El representante de las Cactáceas que más al Norte se encuentra es *Coryphantha vivipara*, en la provincia canadiense de Saskatchewan. El género Opuntia no crece muy alto y soportan temperaturas muy variables hasta nieve y se distribuye hasta el Sur de Argentina, (Rodriguez y Apezteguia, 1985).

Las cactáceas son uno de los grupos más amenazados del reino vegetal. Las poblaciones naturales de muchas de las especies han sido afectadas por las presiones del desarrollo humano, principalmente debido a la conversión de terreno para usos agrícolas y/o pecuarios y a las actividades de extracción de las plantas de su hábitat, para su venta como plantas de ornato en mercados nacionales e internacionales. En consecuencia, la familia completa está incluida en el Apéndice II de la Convención sobre el Tráfico Internacional de Especies Silvestres Amenazadas de Flora y Fauna (CITES, 1990) y muchos de sus representantes están comprendidos en el Apéndice I y en el listado de la Unión Internacional para la Conservación de la Naturaleza y los Recursos Naturales (UICN, 1990).

La familia Cactaceae en Mesoamérica esta representada por 121 taxa (especies y unidades infraespecificas), pertenecientes a 23 géneros, 108 especies y 13 unidades infraespecíficas, agrupadas en las 3 subfamilias (Pereskioideae, Opuntioideae y Cactoideae). Un total de 52 especies (48%) o bien 59 taxa incluyendo especies y categorías infraespecíficas 48%, crecen únicamente en la región mesoamericana. Resulta claro que la diversidad de la familia de los cactus en Mesoamérica es más baja que la reportada para otras regiones de americanas. Sin embargo la importancia biológica en la región radica principalmente en la presencia de taxa endémicos esta situación se debe muy probablemente a la presencia de un mosaico de condiciones ambientales dentro de un marco tropical (Bravo y Arias,1999).

La familia *Cactaceae* está representada en Cuba por tres subfamilias: *Peireskoideae, Opuntiaoideae* y *Cactoideae*; que a su vez agrupan a 16 géneros y 54 especies. La primera tiene un solo género *Rhodocactus*, con dos especies *R . grandifolius* y *R . cubensis*. En la segunda, el género más común es *Opuntia*, con dos representantes carismáticos *O. stricta* y *O. militaris*; así las cuatro especies pertenecientes al género emblemático, *Consolea*. La tercera subfamilia, está representada en Cuba, entre otras, por la pitahaya *(Leptocereus arboreus)*, reina de la noche *(Selenicereus grandiflorus)* y el género *Melocactus*, del cual se conocen 13 especies (Álvarez *et al.,* 1981).

Según Rodríguez (2002), en el archipiélago cubano, los cactus ponen de manifiesto las mismas características adaptativas que en el resto del continente, es posible encontrarlos viviendo a pleno sol en las áreas más secas (costa Sur de las provincias Santiago de Cuba y Guantánamo, donde hay un promedio anual de lluvia de sólo 700 mm) hasta lugares umbrosos como los bosques de Pinar del Río, Sancti Spíritus y Guantánamo, con promedios anuales de lluvia de hasta 3000 mm.

Las especies endémicas son más del 50%, y aunque existen algunas de amplia distribución, como *Selenicereus* e *Hylocereus* que se distribuyen por las selvas de América tropical continental e insular, hay géneros en los que en los que todas o casi todas las especies que viven en el país son exclusivas, como sucede en *Melocactus y Leptocereus* (Rodríguez y Apezteguia, op. cit.).

Según Delanoy, Antesberger y Vilardebo (2003) es originario de la Sierra de Jatibonico (provincia de Sancti Spíritus), crece sobre serpentinas y andesitas. *M. guitartii* es una de las especies de forma globosa. El cuerpo de 11 X 15 cm es esférico y deprimido y muestra 12 costillas. Las areolas con 9 -10 espinas radiales, cerdiformes (2.5 cm), ligeramente curvas, y dos centrales (3.5 cm) muy fuertes. El cefalio (3 X 7-8 cm) y es de color blanco. Las flores en forma de copa (3.4 X 1.5 cm) son de una coloración rosa pálido a un rosado brillante. Los frutos rojo brillante (3.4 X 1.4 cm), *M. guitartii* es raro en su localidad tipo, pero se han descubierto otras poblaciones recientemente (Toledo Martínez, 1995).

De esta especie solo se conocen los trabajos parciales de: Hernández-Muñoz (1991), Veloso y Bécquer (1999), Hernández-Muñoz *et al.* (2003), Hernández-Muñoz *et al.* (2005) dedicado a la familia Cactaceae en la provincia Sancti Spíritus, Cuba y el de Hernández-Muñoz *et al.* (2010).

AREA DE ESTUDIO

Localización, situación y extensión

Situada en la región central del país, es una de las provincias cubanas más pequeñas alcanzando una extensión territorial de 6 744.2 kilómetros cuadrados; de ellos 6 731.9 en tierra firme y 12.3 de cayería, lo que la sitúa en el séptimo lugar de las 14 provincias cubanas por su superficie. Limita al norte con la provincia de Villa Clara (límite marítimo en la Bahía de Buenavista), al sur con el mar Caribe, al este con la provincia de Ciego de Ávila y al oeste, con las de Cienfuegos y Villa Clara.

Está situada entre los 21 grados 32 minutos y 23 segundos y 22 grados 27 minutos 28 segundos de latitud Norte y los 78 grados 55 minutos 38 segundos y los 80 grados 06 minutos 55 segundos de longitud Oeste.

País: Cuba

Provincia: Sancti Spíritus

Relieve

Sancti Spíritus se caracteriza por un relieve muy variado, que en ocasiones es vigoroso y en otras muy llano. El 81 % de su territorio se clasifica como llanuras, el 14 % como montañas y el 5 % son alturas.

Las llanuras más sobresalientes están comprendidas entre los o y los 180 metros sobre el nivel del mar y son: la llanura que se extiende desde el valle del río Agabama al Oeste, prosigue por el Sur de las alturas de Sancti Spíritus y continúa por las llanuras de los ríos Zaza y Jatibonico del Sur, hasta Ciego de Ávila; llanura colinosa del centro de la provincia, desde el límite con Villa Clara hasta Ciego de Ávila.

Mientras que las alturas más importantes del territorio provincial son: las de Bamburanao- Jatibonico del Norte.

Por su parte, su sistema montañoso lo integran las montañas de Trinidad y las de Sancti Spíritus, que constituyen el 60 % del macizo montañoso de Guamuhaya. En las montañas de Trinidad se encuentra la mayor elevación de la provincia, el pico Potrerillo, con 931 metros sobre el nivel del mar.

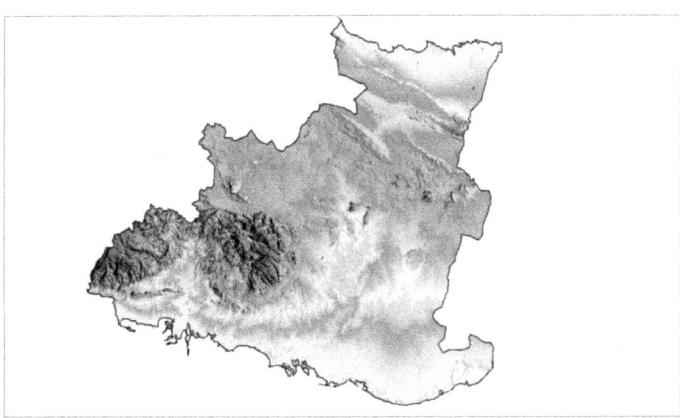

La provincia tiene unos 237 kilómetros de costas, de ellas 66 kilómetros pertenecen a la costa norte y 171 kilómetros a la costa

Sur. Entre ellas, predominan las costas bajas y pantanosas, y se encuentran sólo unos 20 kilómetros de costas altas, que se hallan en Punta Judas, Caguanes y los Cayos de Piedra, al Norte del municipio de Yagüajay y desde la desembocadura del río Cabagán pasando por María Aguilar, y hasta la Punta de Ancón, al Sur del municipio de Trinidad.

Clima

Las condiciones atmosféricas, como son las temperaturas, las precipitaciones, la humedad relativa y los vientos, determinan cuatro zonas climáticas bien definidas: zona de clima de montaña, región de clima de llanura, área de clima costero al Norte de Yagüajay y zona de clima de costa a través de todo el litoral Sur de la provincia. La temperatura media anual en las montañas oscila entre los 17 a 24 grados Celsius; en las llanuras varía 24 y 27; y en las zonas costeras, ente 27 y 31 grados. En cambio las precipitaciones se comportan de la siguiente forma: en la región montañosa, la lluvia media anual es de 1 900 milímetros, el 84 % de la misma cae en el período húmedo y la humedad relativa media anual es del 85 %; en la zona de llanuras, la lluvia media anual es de 1 538 milímetros, y cae el 82 % en el período húmedo, de mayo a octubre. La humedad relativa media anual es del 80 %.

La dirección predominante de los vientos es del norte-nordeste al nordeste con velocidades entre 9 y 11 kilómetros por hora. Mientras que en los meses de marzo a junio hay incidencias del viento Sur, con velocidad promedio de 15 kilómetros por hora.

En la provincia, la trayectoria de los ciclones es fundamentalmente de Suroeste o Nordeste y el período más frecuente es a partir de la segunda semana de octubre hasta la primera de noviembre, aunque históricamente pocos ciclones la han afectado directamente.

Hidrografía

La atraviesan numerosos ríos, siendo los principales el Zaza, el Agabama, el Jatibonico del Norte y el Sur, el Higuanojo y el Yayabo. Posee 4 grandes embalses, entre ellos, el más grande del país con mil veinte millones de metros cúbicos de capacidad, que ubican a la provincia como la de mayor potencial hidráulico superficial del país.

El río Zaza (que se encuentra represado por el embalse de igual nombre) nace en la provincia de Villa Clara, cerca de Placetas, a una altura sobre el nivel del mar de 190 metros y desemboca al Sur, en el mar Caribe. Dentro del territorio espirituano tiene una longitud de 140 kilómetros.

El Agabama nace en la sierra alta de Agabama, en la provincia de Villa Clara, a una altura de 330 metros. Dentro de la provincia corre 75 kilómetros, Constituye gran parte del límite Oeste con la provincia de Villa Clara. Este río lleva este nombre desde su nacimiento hasta el puente de la carretera Trinidad – Sancti Spíritus, donde se une con el río Ay, para formar el río Manatí y desembocar en el mar Caribe.

El río Jatibonico del Norte nace en las sierras de Bamburanao a 240 metros sobre el nivel del mar. Tiene una longitud de 60 kilómetros, sumergiéndose en la sierra de Jatibonico para luego atravesar las alturas y continuar hacia la costa Norte, donde desemboca en la bahía de Buenavista.

El río Jatibonico de Sur tiene su nacimiento en las sierras de Meneses y Cueto, a una altura de 240 metros sobre el nivel del mar. Su longitud es de 109 kilómetros y desemboca en el mar Caribe. Las aguas de este cauce fluvial están reguladas por la presa Lebrije.

El río Higuanojo surge en las alturas de Sancti Spíritus a una elevación de 300 metros sobre el nivel del mar. Es un río típico de montaña con una longitud de 50 kilómetros. Se encuentra represado por el embalse del mismo nombre. Desemboca en el mar Caribe.

El río Yayabo, que vierte sus aguas en el embalse Zaza y da a la ciudad el sobrenombre de villa del Yayabo, atraviesa la Ciudad. Sobre el mismo se encuentra el puente del Yayabo, construcción colonial declarada Monumento Nacional.

Las lagunas costeras de la provincia se localizan en la costa Sur, siendo de gran importancia en la regulación hidrológica de la cuenca Sur, para la conservación de la biodiversidad en general y para las aves migratorias en particular.

Entre los embalses más importantes del territorio provincial se encuentran: la presa Zaza, que embalsa 1 020 millones de metros cúbicos de agua y es la mayor del país; la Lebrije, con 102 millones; la presa Higuanojo, con 24 millones; la Siguaney, con 9 millones y; el embalse Aridanes, con 3 millones de metros cúbicos de agua.

Existe otras obras hidráulicas de importancia, como son la presa Cayajaná, el canal Magistral Zaza- Camaguey y la derivadora del canal magistral.

Suelos

Los factores que inciden en los tipos de suelos son la roca madre y el relieve, fundamentalmente. Y como estos factores son muy variados, originan una gran diversidad de suelos en la provincia. En general, predominan los suelos arcillosos. La fertilidad de estos puede considerarse de mediana a buena y en ellos se cultiva: tabaco, arroz, caña de azúcar, viandas, vegetales, frutales y otros cultivos.

Vegetación, flora y fauna

Su vegetación es muy variada debido a que existe todo un mosaico de suelos, donde predominan los arcillosos, observándose bosques naturales en las montañas, las zonas costeras y las de carso desnudo. En el litoral marino se aprecia la vegetación halófita, en las costas bajas y pantanosas aparece el manglar, a continuación el bosque de ciénaga, después la vegetación herbácea de ciénaga interior; pero si se trata de una costa alta y acantilada lo que se aprecia es manigua costera y complejo de vegetación de costa rocosa; en las áreas arenosas se desarrolla el complejo de vegetación de playa.

Ocupando toda la llanura costera y hasta la región colinosa central se observan remanentes de bosques semideciduos, que llegan hasta la base de las cordilleras, en Guamuhaya a partir de los 200 metros sobre el nivel del mar es sustituido por el bosque siempreverde, después de los 600 metros se observa el pluvisilva de montaña, y en las cumbres el bosque nublado.

En las alturas de Bamburanao y Jatibonico se encuentra la vegetación de mogotes, que aparece como una variante en las elevaciones calizas, donde recibe el nombre de vegetación de farallón. También se desarrolla en las áreas de roca ultrabásica (serpentina), la vegetación de cuabal y charrascal.

La flora está representada por especies muy diversas, observándose cierto endemismo en la vegetación del interior, sobre todo en las áreas montañosas, de calizas o de serpentina. Las áreas boscosas de las zonas montañosas son vitales para la conservación de la biodiversidad pues son áreas de bosques insulares, que por llevar emergidos de las aguas del mar más de 43 millones de años, atesoran una biota única y con un elevado endemismo.

La fauna, aunque no está totalmente estudiada, presenta su mayor diversidad y endemismo en las montañas, áreas cársicas y cayerías, encontrándose especies en peligro de extinción como la grulla, el flamenco, el catey, la siguapa, el tocororo, la paloma perdiz, el gavilán colilargo, la cotorra, la iguana, el manatí y varias de murciélagos (Hernández-Muñoz y Pérez, 2012).

La investigación se desarrolló entre los años 1990 y el 2015, para ella se estudiaron las localidades donde se ha reportado la presencia de *Melocactus guitartii* León, buscando la máxima representación geográfica, biogeográfica y ecológica de la provincia.

PRIMERA PARTE

Dinámica poblacional y estatus de conservación

INTRODUCCIÓN

El género *Melocactus* es uno de los más evolucionados de la familia *Cactaceae*, presenta una amplia distribución geográfica en el neotrópico. Las islas del Caribe contienen un número relativamente importante de especies donde una gran mayoría son endémicas, de las cuales las Antillas Mayores y en especial Cuba, muestran la mayor diversidad, considerándose desde el punto de vista sistemático 15 especies descritas. Para Cuba se han documentado 13 de estas especies, todas ellas endémicas. El presente trabajo se centra en el estudio de *Melocactus guitarti* León, 1934, considerada como un endémico estricto de la provincia de Sancti Spíritus (Delanoy et al., 2003).

M. guitarti fue descrito por León, en 1934, a partir del hallazgo de varios ejemplares en la localidad de Arroyo Blanco, Sierra de Jatibonico, creciendo sobre serpentinita y andesita. Considerado como muy escaso en la localidad tipo (Taylor, 1985), aunque se conoce de otras poblaciones donde recientemente han sido observadas. Esta especie se encuentra bajo la categoría de vulnerable según el Catálogo de Plantas Amenazadas (Borhidi y Muñiz, 1983). Los objetivos del presente trabajo son conocer el estado actual de las poblaciones de *M. guitarti* en ocho localidades de la provincia de Sancti Spíritus, el estudio de los aspectos morfológicos y estructurales así como evaluar el estado de conservación de la especie en dichas localidades.

MATERIALES Y MÉTODOS

Se realizó un estudio de la biología poblacional del taxón en cada una de las poblaciones reportadas, este tuvo por objetivos conocer, su estructura fisonómica, la estructura espacial, su extensión de presencia, y realizar una caracterización morfológica de la especie.

De las ocho localidades en las que hasta el momento se reporta la presencia de la especie *M. guitarti*, se seleccionaron para este estudio cinco de acuerdo a la cercanía y accesibilidad, por el hecho de encontrarse fuera del Sistema de Áreas Protegidas de la provincia y por el desconocimiento de su estado actual de conservación. Todas las localidades seleccionadas pertenecen a la provincia Sancti Spíritus en la región central de Cuba, y sus datos de localización son:

1. Localidad 1: Manaquitas, ubicada a 10 Km al SW del Municipio Cabaiguán. 79°32'30" latitud Norte y 22°01'20" de longitud Oeste,
2. Localidad 2: Tramojos (2 Km. al E del territorio) del Municipio Taguasco. 79°20'22" de latitud Norte y 22°06'20" de longitud Oeste.
3. Localidad 3: La Rana (3 Km. al E del territorio) del Municipio Taguasco. 79°16'00" de latitud Norte y 22°06'00" de longitud Oeste.
4. Localidad 4: El Peñón del municipio Taguasco.
5. Localidad 5: Loma Las Canarias, piedra Gorda, Fomento del municipio Fomento.

La ubicación fitogeográfica de las cinco localidades se realizó según el criterio de Borhidi y Muñiz (1986).

Para la determinación de la estructura fisonómica de cada una de las poblaciones se utilizó como método de estudio el censo, al considerarse el más apropiado por tratarse de pequeñas áreas puntuales. Se siguió el criterio de Weaver- Clements, (1944). utilizando la metodología de la transección de fajas, que no es mas que una franja angosta y continua que proporciona las características de una sección transversal de la población, la demo se cuantificó por clases de edades, estableciendo para el conteo como:

- Plántulas: los individuos de 0- 3 cm
- Juveniles: los mayores e iguales de 3 cm sin cefalio,
- Adultos: la presencia de cefalio,
- Adultos fértiles: la presencia de alguna estructura reproductiva, el total de estos igual a población efectiva.

El área de extensión de presencia del taxón se determinó como el área contenida dentro de los límites de los sitios conocidos de cada una de las localidades estudiadas.

Para el estudio de la biología poblacional en cada una de las localidades se realizó:

1. La caracterización morfológica de 15 individuos adultos, midiéndose en cada individuo, la altura y el diámetro del tallo y del cefalio, el diámetro del artículo y del cefalio, el número de costillas, de areolas y de espinas superiores, radiales y centrales mediante la utilización de un pie de rey, de apreciación 0.1 mm.
2. Se cuantificó el total de individuos adultos, juveniles y plántulas. Con los resultados obtenidos de los censos se realizaron análisis comparativos, con muestreos efectuados en años anteriores(Hernández,1991; Hernández, *et al.* 1994; Hernández y Lorge, 2002; Hernández y Méndez, 2003 y Hernández *et al.*, 2005). Se observó, el tipo de distribución espacial que presentan los individuos (al azar, en agregados o

uniforme), siguiendo la metodología de Reinés y Berazaín(1987).

Se identificó la flora acompañante con la ayuda del especialista M.Sc. Alberto Orozco Morgado, Especialista en Botánica del Grupo empresarial GEOCUBA, Villa Clara.

Se determinó la composición litológica de cada localidad mediante el mapa geológico de la provincia y la colaboración del especialista M.Sc. Roberty Fidel Hernández Valdés.

Para valorar el estado de conservación en las tres localidades se tuvo en cuenta los siguientes parámetros:

-Grado de antropización,

-Accesibilidad a vías de tránsito de personas,

-Cercanía a asentamientos humanos,

-Uso de la especie,

-Presencia de especies invasoras.

RESULTADOS Y DISCUSIÓN

La especie *Melocactus guitarti* León, 1934 se ubica geográficamente en la provincia de Sancti Spíritus de Cuba Central (Hernández et al., 2005), desde el punto de vista fitogeográfico, en el distrito Saguense del Sector Cuba Centro – Oriental de la

Subprovincia Cuba Central, provincia Cuba, según Borhidi y Muñiz, (1986).

Tabla1. Distribución de las poblaciones de *M. guitartii*, Cuba Central

No	Localidad	Municipio	Latitud Norte	Longitud Oeste	Localización	Número de colonias	No. total indiv.	Extensión presencia
1	Dagamal (localidad Tipo)	Jatibonico	79 08 00	22 03 00	Siete Km. al Noroeste de Arroyo Blanco.	-----	-----	------
2	El Peñón	Jatibonico	-----	-----	10 km al Noroeste de Arroyo Blanco	6	1403	70 cab.
3	Loma Las Canarias, Piedra Gorda	Fomento	79 44 00	22 05 30	Tres Km. al Suroeste de Fomento.	1	185	1000 m.
4	La Rana	Taguasco	79 16 00	22 06 00	Tres Km. al Este de la Rana.	8	1109	1,5 ha.
5	Tramojos	Taguasco	79 20 22	22 06 20	Dos Km. al Este de los Tramojos	5	1397	1000 m.
6	Las Tunitas	Taguasco	-----	-----	Un km de Las Tunitas	-----	-----	-----
7	La Jagua	Taguasco	-----	-----	23 km al norte de Taguasco	-----	-----	-----
8	Manaquitas	Cabaiguán	79 32 30	22 01 20	Diez Km. al Suroeste de Cabaiguán.	8	840	1000 m.

La especie es un endémico local de Sancti Spíritus y presenta ocho poblaciones en cuatro municipios de la provincia, los cuales se localizan en: Dagamal (localidad Tipo), El Peñón, Loma Las Canarias, Piedra Gorda, La Rana, Tramojos, Las Tunitas, La Jagua y Manaquitas.

Composición litológica de cada localidad de estudio:

La localidad de Manaquitas esta constituida por afloramientos de brechas sedimentarias poligénicas con una matriz gravelítica y cemento ausente de composición síliceo – carbonatada. Los clastos son por lo general de roca granítica(ácida) y anfibolíticas (básicas). Los sedimentos descritos se corresponden a la formación del Zaza del Eoceno Medio.

El Dagamal, localidad tipo de la especie, la Rana, Tramojos y Piedra Gorda se presentan sobre brechas y conglomerados volcánicos de matriz tobacea y composición andesito-basáltica (básica) correspondiente a la formación La Rana.

En la Tabla 1, se muestran las localidades en que ha sido detectado, hasta el presente, *M. guitartii*, comprobándose que está presente en ocho localidades, pertenecientes a cuatro municipios, formando varias colonias numerosas que en las localidades El

Peñón, Tramojos y La Rana que alcanzan cifras de superiores a los 1000 individuos. Manaquitas contiene una demo numerosa pero en menor cuantía que las anteriores. La correspondiente a la loma Las Canarias, es más bien pobre. Mientras que de las existentes en La Jagua y Las Tunitas, no se tiene información.

Estudio sobre aspectos de la biología poblacional

Distribución espacial

Manaquitas. En forma de agregados, formando 8 colonias aunque también se observan individuos aislados.

Tramojos. Preferentemente como individuos aislados (155) y 5 colonias o agregados.

La Rana. Formando 8 colonias y escasos individuos aislados

Resulta interesante el hecho de que en la población de Tramojos, hay un gran número de individuos que prefieren vivir aislados y no en colonias como sucede en los otros lugares, esto podría deberse al igual que en loma Las Canarias,(Cerros de Fomento), a que la demo está muy tensionada, en proceso de declinación y por ello en los individuos se observa una tendencia al aislamiento(tabla 3).

Tabla 2. Comportamiento de poblaciones seleccionadas en el tiempo.

Localidad	AÑOS									
	1991		1994		2002		2003		2006	
	No.de colonias	No.total indiv.	No.de colonias	No.total indiv..	No.de colonias	No.total indiv..	No.de colonias	No.total indiv..	No.de colonias	No.total indiv..
Manaquitas	5	127	5	164	-----	-----	5	422	8	821
Tramojos	-----	----	6	323	-----	-----	-----	-----	5	1258
La Rana	-----	----	6	362	6	801	-----	-----	8	1109

El número de colonias y de individuos aumentó en las 3 poblaciones monitoreadas con mayor sistematicidad, esto podría deberse a que la especie muestra una tendencia a la recuperación, que podría facilitarse con la implementación de planes de manejo adecuados en las áreas bajo régimen de protección y proponer la incorporación de las que aún no están al sistema de áreas protegidas.

Estructura de las poblaciones

En la mayoría de las poblaciones predominan numéricamente los individuos jóvenes, excepto en la demo presente en la localidad de Manaquitas, donde dominan en número las plantas adultas.

Esta estructura etaria es indicadora de que las diferentes poblaciones se encuentran en franco desarrollo, excepto la antes citada, motivo por el cual no se espera la declinación inmediata de las demo y garantizando la supervivencia de la especie.

La Rana parece ser una población estable mientras que las presentes en loma Las Canarias, El Peñón y Tramojos indican una tendencia clara a la expansión.

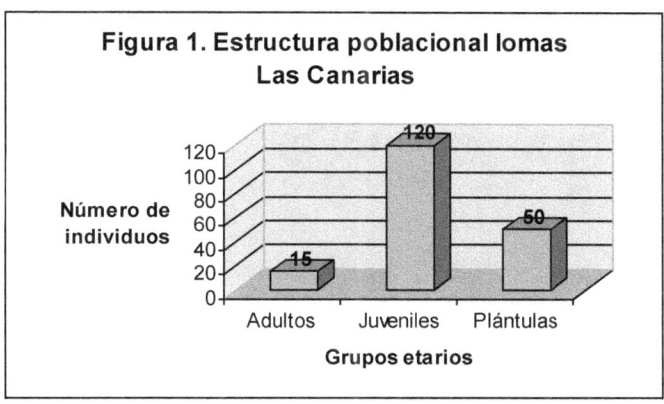

En la población de lomas Las Canarias, Cerros de Fomento, se aprecia un predominio mayoritario de los individuos juveniles, le siguen en orden decreciente las plántulas y por último las plantas adultas, con un pequeño número de ejemplares (Fig. 1)

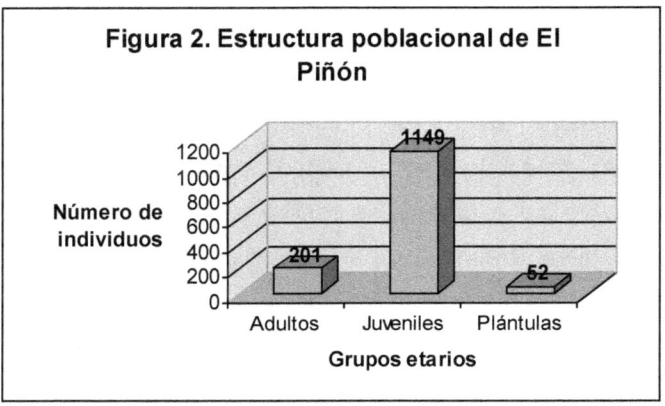

En la población que se encuentra localizada en el área del Peñón, sierra de Jatibonico, también dominan en número los individuos juveniles por amplio margen, siguiéndole en orden decreciente las plantas adultas y por último las plántulas (Fig.2)

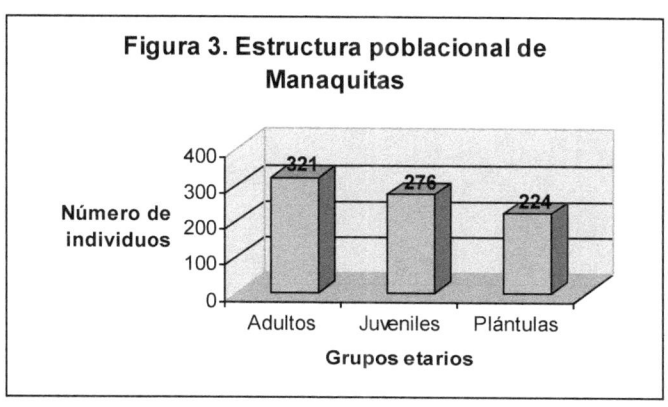

Figura 3. Estructura poblacional de Manaquitas

En la demo de Manaquitas, predominan en el orden numérico los adultos, después le siguen los juveniles y finalmente las plántulas, como elemento indicativo de que pudiera tratarse de una población vieja y que de no ser manejada en forma oportuna para superar esta tendencia negativa pudiera caer en un franco proceso de declinación (Fig. 3).

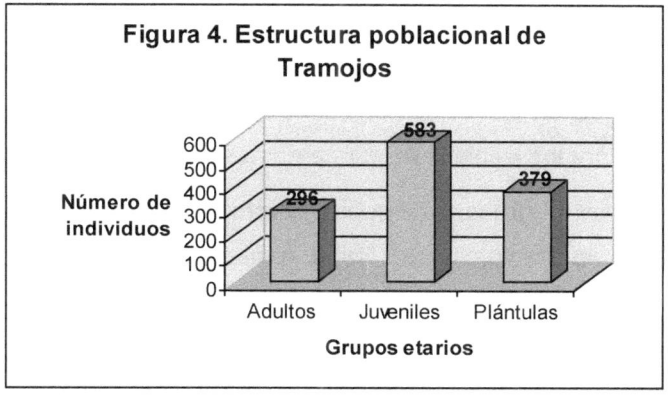

Figura 4. Estructura poblacional de Tramojos

Por su parte, la población de Tramojos muestra una explosión demográfica donde juveniles y plántulas son los grupos etarios más abundantes, mostrando una clara tendencia al incremento poblacional (Fig. 4).

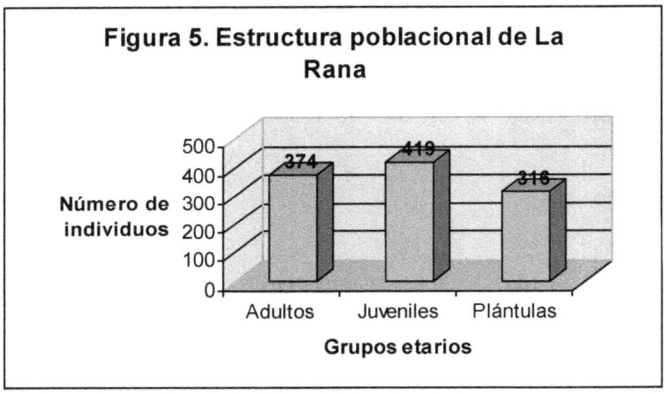

Figura 5. Estructura poblacional de La Rana

Por último, en la demo de La Rana, se aprecia el dominio numérico por amplio margen de individuos juveniles tal y como también acontece en Tramojos pero son los adultos los que marcan la diferencia respecto a la población antes analizada. Su estructura etaria se asemeja más a la demo presente en loma Las Canarias, con la diferencia de que aquí el proceso ocurre de manera natural, mientras que en los cerros de Fomento la población está siendo manejada por los técnicos de esta área desde años atrás (Fig. 5).

No se aprecian grandes diferencias entre las mediciones, pero los individuos de Tramojos y La Rana aparecen como más robustos, con mayor altura y diámetro del tallo, esto puede deberse a muchas razones, pero es posible que sea porque la población está más conservada y al tipo de sustrato en que vive (tabla 3).

Tabla 3. Caracterización morfológica del Taxón.

Localidad	Diámetro Cefalio	Altura Cefalio	Diámetro Artículo	Altura Artículo	Número de Costillas	Número Areolas	Distancia E/. Areolas	Número Espinas Centrales	Número Espinas Superiores	Número Espinas Radiales	Largo Esp. Central	Largo Esp. Radiales
Piedra Gorda	3,4 - 7	2 – 4,3	8 – 14,5	5,7 -9,5	10 -13	4 -8	0,5 -2,4	1-3	2 -3	8 - 10	3 -4,2	2-3,5
El Peñón	3,2 -7	2 – 5,5	9,7 – 14,5	7,6 – 9,9	10-13	5 -7	0,7 – 1,7	1- 2	2-3	8 -10	3 -3,7	2,2 -2,5
Manaquitas	3,3 – 6,7	1,7- 3,4	8,2 -11,5	5,5 -7,5	10 - 12	4 -6	1,2-1,9	2 - 3	2-3	8 -10	-	-
Tramojos	3,4 - 7,9	1,5- 2,9	7,3 -14	6,6 -12	10 -12	5 -7	0.5 -1,8	2 - 3	2-3	8 – 10	-	-
Rana	3,5 - 6,9	1,5- 3,5	10 -12,6	6,5 - 8	10 -12	5 -7	-	1 - 3	2-3	8 -10	-	-

Flora acompañante

No	Especies acompañantes	Manaquitas	Tramojos	La Rana	El Peñón	Loma Las Canarias
1	Hematophylum subpinnatum	X		X		
2	Opuntia stricta	X	X	X	X	X
3	Agave sp.	X	X	X	X	X
4	Serjania diversisifolia		X	X		
5	Stigmaphylum sagreanum		X	X		
6	Comocladia sp.	X				
7	Triopteris sp.		X			
8	Jaquinia sp.		X	X		
9	Smilax sp.			X		
10	Baurreria pasiflora			X		

11	*Selenicereus glandiflorus*	X	X			
12	*Dicrostachys cinerea*	X	X	X	X	X
13	*Portulaca sp.*	X	X	X	X	X

En las localidades evaluadas se observan como especies comunes a las tres especies opuntia, el agave y el marabú y también de manera muy especial se asocia con un musgo.

Estado actual de conservación

Las poblaciones de *M. guitarti* localizadas en Manaquitas, Los Tramojos y La Rana se encuentran antropizadas constituyendo el pastoreo intensivo una de las principales causas, unido al asedio del taxón por parte de coleccionistas constituyendo este su uso fundamental, como una especie ornamental. La población de Manaquitas se encuentra a solo 800 m del asentamiento urbano del mismo nombre, por lo que resulta de fácil y libre acceso a la población de *Melocactus*.

Los grupos poblacionales que se encuentran en las localidades de los Tramojos y La Rana presentan condiciones similares pues las poblaciones se desarrollan dentro de propiedades particulares, en áreas también utilizadas como silvopastoreo ya que son zonas ganaderas, además la población localizada en La Rana forma parte de los alrededores de una casa de vivienda.

Pero a pesar de toda la perturbación que han tenido sus hábitats los resultados de los censos revelan un estado demográfico mejor que en años anteriores, además de mostrar una estructura etaria equilibrada.

CONCLUSIONES

1. La población de Tramojos presenta mayor cantidad de individuos y morfológicamente es mayor que en las restantes localidades.
2. Las tres poblaciones monitoreadas sistemáticamente presentan una mayor composición demográfica en comparación con años anteriores.
3. La especie está representada en ocho demos distribuidos de forma heterogénea por el territorio de la provincia Sancti Spíritus y sus estructuras poblacionales difieren, pero la tendencia de la misma es al incremento. No obstante se debe incorporar al sistema de áreas protegidas las poblaciones que se encuentran fuera de este.

REFERENCIAS

Álvarez, A., J. Bisse, J. A. Viciedo, E. Peña, R. Berazaín, Á. Leyva, M. Rodríguez, S. González, L. González, G. Recio, H. Saralegui y S. Maldonado. 1981. *Botánica*. Editorial Pueblo y Educación. La Habana,.

Areces, A. E. 1976. *Melocactus holguinensis*: una nueva especie de Cuba Oriental. *Ciencias*, Universidad de La Habana, Serie 10, Botánica, No.10, 12 pp..

Barthlott, W. 1979. *Cacti*. Cheltenham, Stanley Thornes Ltd.

Bravo, H.H y S. Arias.1999. Los cactus de mesoamérica. *Bradleya* (13): 17-23.

Backeberg, O.1962. *Das Kakteen lexicon*. Verlag. Laizip, 507 pp.

Borhidi A.1991. *Phytogeographyc and vegetation ecology of Cuba*, Akademial Kiodo. Budapest, pp.

Borhidi, A. y O. Muñiz. 1985. *Catálogo de las plantas amenazadas de Cuba*. Ed Academia. La Habana, pp.

CITES. 1990. *Lista especies amenazadas de la flora y la fauna debido a la comercialización*. Gland, 17 pp.

Delanoy, G.; B. Antesberger y A. Vilardebo. 2003. Le genre *Melocactus* Link & Otto dans la región caraibe. *SUCULENTES, Spécial*. France. 36 pp.

Elizondo, J. L. 1986. El género Melocactus Link et Otto en México y Centroamérica. *Cact. Suc. Mex.* XXXI (2): 27-32.

Endler, J. y F. Buxbaum. 1974. *Diepflanz-enfamilien der Kakteen*. Minden, Albrecht Philler Verlag.

Freitas, M. F. 1992. Cactaceae de Area de Protecao Ambiental da Massambaba, Rio de Janeiro. Brasil. *Rodriguuesia*, rio de Janeiro, V. 42/44, p. 67-91.

Gutiérrez, J. 1984. *Los cactos nativos de Cuba*. Ed. Científico Técnica. La Habana, 36 pp.

Heek van, E. & W. van Heek. 1993. Melokakten anf Kuba. *Kakt. And Sukk.*, 51: 295-298.

Hernández, A.; S. Piedad; J. Marí, L. N. Hondal y V. M. García. 2005. La familia *Cactaceae* en la provincia de Sancti Spíritus. *Memorias del Taller Conservación de Cactus Cubanos.* Jardín Botánico Nacional, Universidad de La Habana. 111 pp.

Hernández, A.; S. Piedad; J. Marí, L. N. Hondal y V. M. García. 2010. Dinámica poblacional y estado de conservación de *Melocactus guitartii* León, 1934 en Sancti Spíritus, Cuba. CD-R *Memorias del Congreso 70 Aniversario de la Sociedad Espeleológica de Cuba y el 6to. Congreso de la Federación Espeleológica de América Latina y el Caribe.* Matanzas.

Reinés, M. Y R. Berazín. 1987. Manual de prácticas de ecología. Facultad de Biología, Universidad de La Habana, pp.

Rodríguez, A. 2002. Los cactos. *Flora y Fauna,* 6 (1): 37-39.

Rodriguez, L. y R. Apezteguia. 1985. *Cactos y otras Suculentas en Cuba.* Editorial Científico – Técnica. La Habana, Cuba. 213 pp.

Sanz, L. C. 1999. Una joya en peligro. *Juvent. Téc.,* (291): 12-13.

Taylor, N. P. 1985. *The Genus Echinocereus* Feltham. Royal Botanic Garden Kew and Collingridge Books. Londres.

Toledo-Martínez, J. 1995. Eine population von Melocactus guitartii Leon im Zentrum von Kuba. *Kakt. & Sukk.,* 46: 169-170.

UICN. 1990. *Libro rojo de datos.* Gland, 23 pp.

Weaver, J. E. y F. E. Clemens. 1935. Transect method of studying woodland vegetation along streams. *Bot. Gaz.,* (80): 168-187.

Weaver, J. E. y F. E. Clemens. 1944. *Ecología Vegetal.* ACME AGENCY, Soc. Resp. Ltda. Buenos Aires, 667 pp.

SEGUNDA PARTE

Comportamiento de la especie con variaciones en el medio de cultivo

INTRODUCCIÓN

Las Cactáceas en general tienen un crecimiento muy lento, por lo que es necesario buscar las condiciones adecuadas para que estas plantas alcancen un tamaño comercial en el menor tiempo posible.

En nuestro país se está incrementando gradualmente el cultivo de las cactáceas, ya que existe una gran demanda interna y externa a pesar de tener esta planta ornamental un mercado estable, sus productores no cubren la demanda.

El cultivo de esta planta ornamental en Cuba tiene ventajas con respecto a muchos países productores, puesto que nosotros al poseer un clima tropical podemos durante todo el año cultivar sin necesidad de costosos invernaderos para aumentar la temperatura sin gasto de energía, medida de imprescindible aplicación para el aseguramiento del crecimiento sucesivo de la economía de la Isla.

Además de tener el país las condiciones climáticas favorables se cuenta con los componentes que conforman los sustratos requeridos, llegando inclusive a poder cultivarlas en algunas áridas del país sin necesidad de casas de cristal para el control de las precipitaciones.

Es muy importante la obtención del sustrato ideal para la propagación y desarrollo que se analiza en el presente trabajo, ya que la vía recomendable de propagación es por semillas y se desea encontrar un sustrato que acelere el desarrollo de las plantas partiendo del ya utilizado hasta el momento.

Es muy importante aumentar la producción de plantas suculentas pues constituyen una fuente de ingresos en divisas para el país, porque se cuenta con un mercado seguro en Europa desde 1982. Por lo que pensando con optimismo se espera ocupar un lugar destacado entre los productores a nivel internacional.

MATERIALES Y MÉTODOS

El experimento se realizó en el Jardín Botánico de Sancti Spíritus, ubicado en la calle Frank País final s/n, Sancti Spíritus dentro de una casa de cristal destinada al cultivo de plantas suculentas. El techo es a dos aguasen cogido con angulares de acero donde penetra una iluminación uniforme.

Las plantas fueron sembradas en macetas de plástico con forma cónica de un diámetro de 5.5 cm y una altura de 5 cm con tres orificios en su parte inferior de 0.5 cm. Las mismas se utilizan actualmente en los embarques de cactus por vía marítima debido a las características que tienen las mismas de poco peso y bajo costo.

Los datos climáticos del lugar donde se desarrolló la experiencia fueron los siguientes:

- Temperatura media: 30°C,
- Humedad relativa: 30 a 70%,
- Precipitaciones: no hay incidencias por estar techada el área.

El riego se realizó cada cuatro días y la luminosidad fue uniforme para todas las plantas.

El experimento aborda dos cuestiones fundamentales:

- Analiza el comportamiento de la especie *M. guitartii* en tres sustratos diferentes,

- Compara la respuesta de esa especie con dos aplicaciones de diferentes fertilizantes químicos, en un mismo sustrato.

SUSTRATOS A ANALIZAR

Componentes:

- Arena sílice, material inerte que aumenta la porosidad, la aireación y el drenaje.

- Humus corriente, principal fuente de nutrientes.

- Barro cocido y triturado (macetas trituradas), realiza la función de retener la humedad con la propiedad de liberarla poco a poco, se emplean para esto macetas inservibles que se fragmentan aprovechándolas como parte del sustrato.

- Carbón vegetal, eleva la aireación y retiene el exceso de humedad del suelo.

PROPORCIONES DE LOS COMPONENTES DE LOS DIFERENTES SUSTRATOS

	Arena Sílice	Humus corriente	Barro cocido	Carbón vegetal
Sustrato	1	2	1/4	1/4

No.1				
Sustrato No.2	1	1	1/4	1/4
Sustrato No.3	1	2.5	1/4	1/4

La tabla anterior presenta las partes volumétricas que se tomaron en la formación de los sustratos tal y como se emplean en la técnica de jardinería. Ejemplo: el sustrato No.2, contiene 40% de arena sílice, 40% de humus, 10% de barro y 10% de carbón vegetal.

PREPARACIÓN DEL SUSTRATO

La arena sílice se tamizó con una zaranda de 2 mm² de malla desechando las partículas grandes que quedaban en su interior, ya que éstas impiden la uniformidad en la mezcla de componentes.

Se repitió el proceso, en este caso con una malla de 0.5 mm² a 2.0 mm², luego se procesó el humus corriente tamizándose con una malla de 0.5 mm². El carbón vegetal y el barro cocido (residuos de macetas) fueron triturados de forma tal que quedara lo más uniforme posible con un diámetro menor de 2 mm².

Posteriormente se mezclaron los componentes, se colocaron en recipientes de 20 l, se procedió a esterilizar estos sustratos, dándoles un fuego directo con carbón y leña, vertiéndoles agua hasta que ésta superó el nivel del sustrato; esta operación se repitió al día siguiente. La esterilización de los sustratos para la siembra de cactáceas es de vital importancia, ya que elimina los focos de enfermedades, semillas indeseables, así como nematodos presentes que ocasionan daños a estas plantas. Es fundamental la repetición de la esterilización debido a que controla cualquier microorganismo resistente a la primera.

Plantas utilizadas

Para esta experiencia se tomaron plantas pertenecientes al género *Melocactus* y de ellas se utilizó la especie *M. guitartii*, León, que fueron distribuidas en número de 42 plántulas, con una distancia de siembra de 0.6 cm, de las cuales 24 hacen un efecto de borde en la sección. Se hicieron dos réplicas y en el caso del fertilizante se hizo una aplicación de hierro, otra de azufre y el testigo.

Las plántulas se sembraron con los cuidados requeridos de forma tal que las raíces quedaron acomodadas en el sustrato, tratando de que éstas no fueran afectadas por la manipulación.

Las mediciones de las plántulas se hicieron con un pie de rey logrando una uniformidad en los diámetros de las mismas, para poder observar los efectos tanto de los diferentes sustratos como de las variantes de fertilizantes químicos.

Estas plántulas se tomaron del semillero que se encontraba en condiciones ambientales semejantes, fueron sembradas en el verano. La siembra se realizó a boleo en un sustrato igual al No. 1 de la presente investigación, pudiéndose comprobar que la semilla tuvo buen poder germinativo debido a la gran concentración de estas plántulas.

En Cuba mantenemos la humedad en el semillero a capacidad de campo colocando un nailon por encima del recipiente donde se hacen las tiradas de la semilla con vistas a disminuir la evaporación evitando la excesiva manipulación que puedan tener las plantas, esto se realiza hasta que las plantas tengan un tamaño tal que hagan resistencia a la alta luminosidad y falta de humedad. Esto dura aproximadamente tres meses según la especie, pudiéndose retirar el nailon.

Fertilizantes químicos empleados.

Se realizaron dos aplicaciones de estos fertilizantes químicos en las macetas, la primera el 15 de febrero y la segunda a los 90 días, es decir el 15 de mayo, para dar término al proceso de fertilización.

Los fertilizantes químicos utilizados fueron; azufre (en forma pura) y hierro, con una riqueza de 65 de hierro metal (en forma de sal fórmica). Mientras que el grupo control o testigo no recibió alguno de estos elementos químicos.

La preparación se realizó disolviendo 14.5 gr. De polvo soluble en 4 l de agua cada uno. La aplicación se produjo con una dosis de 4.15 mg/cm^2, localizándolo uniformemente en el sustrato alrededor de la planta.

La aplicación de fertilizante se efectuó a la especie, de forma tal que 42 plántulas fueron tratadas con azufre, otras 42 con hierro y otras tantas, sin aplicación.

Parámetros analizados

El parámetro fundamental analizado es el diámetro de las plántulas. Este se midió con un pie de rey, en el punto medio del cuerpo de cada individuo de cactus.

Se realizaron dos observaciones, la primera a los 50 días de plantadas y la segunda a los 128 días. Para este trabajo solo se tendrá en cuenta la segunda medición pues es la que puede dar respuesta a los diferentes tratamientos utilizados.

También se tuvo en cuenta la salud de las plantas, coloración de las espinas y crecimiento en altura, sin hacerse tratamiento estadístico alguno, solo por observación directa.

Análisis biométrico

Para la evaluación del diámetro de las plántulas, tanto en los diferentes sustratos como fertilizaciones, se realizó un análisis de varianza (Lerch, 1977), con tamaños iguales en los diámetros de las muestras por tratamientos. En base al nivel de significación que tuvieran las diferencias entre las muestras, se procedería a la aplicación de una prueba de Duncan, con el fin de comparar las mismas estadísticamente y sacar conclusiones.

RESULTADOS Y DISCUSIÓN

Las mediciones que se realizaron en el experimento se hicieron con el fin de determinar el mejor sustrato para la especie, así como el efecto de los fertilizantes químicos utilizados.

La primera medición se hizo a los 50 días de sembradas las plántulas, esta fue de forma comprobatoria y arrojó resultados positivos. No se aplicó un tratamiento estadístico por el corto tiempo de observación.

Las plantas se regaron cada cuatro días según las condiciones climáticas existentes en el lugar. Esta labor se realizó con una manguera que en su extremo tenía colocada una regadera, lo que permitió que el agua pudiera ser aplicada de forma uniforme, tanto el crecimiento como la salud de las plantas demostraron que este sistema fue adecuado, las raíces de las plántulas no se anegaron, tampoco se detectó algún ataque fungoso, ni deshidratación. Este tipo de riego se ha venido utilizando tradicionalmente para plantas suculentas.

Se obtuvo una luminosidad uniforme, utilizando techo de cristal; experiencia que debe tenerse en cuenta por sus óptimos resultados, ya que el sistema de techado con nailon, también empleado en nuestro país, resulta sumamente frágil debido a la incidencia de los vientos.

Las plantas crecieron sanas, con coloración uniforme. No se observó algún agente patógeno que entorpeciera la experiencia, lo que denota que las medidas tomadas al inicio fueron adecuadas.

La segunda medición se realizó a los 128 días de plantadas y aquí sí fue necesario hacer un análisis estadístico. Para determinar el sustrato más adecuado al rápido desarrollo y crecimiento de las plantas, así como también definir el efecto de los fertilizantes.

El análisis de varianza para la prueba de sustratos fue muy significativo (0.01%) en todos los casos (tablas I, y II), inclusive en las réplicas, por lo que se realizó la prueba de Duncan, dando resultados muy significativos para los tratamientos (tablas II y IV).

Tabla I. Análisis de varianza para sustratos.

F.V.	S.D.C.	GL	S2	FC	F. T.	
					5%	1%
E	1.10	2	0.55	6.87	3.15	4.98
R	4.84	57	0.08			
TOTAL	5.94	59	FC MAYOR FT (0.01) **			

Así se demuestra que los sustratos No.1 y No. 2 son convenientes para obtener plantas de mejor calidad en menos tiempo. El sustrato No.3 resultó no significativo en la tabla de Duncan (tablas II y IV), lo que demuestra que aumentar la cantidad de humus en adiciones mayores de dos partes en los sustratos produce efecto negativo.

Tabla 2. Prueba de Duncan para sustratos.

	1.66	1.92
1.97	0.31**	0.05
1.92	0.20**	

Nota:

X del sustrato No.1 = 1.97

X del sustrato No.2 = 1.92

X del sustrato No.3 = 1.66

Respecto a la fertilización se puede afirmar a partir del análisis de varianza que los resultados fueron muy significativos (0,01%) (tablas IX y XI), por lo que se procedió a aplicar la prueba de Duncan con resultados similares a la anterior, por lo tanto las aplicaciones de fertilizantes químicos, hierro y azufre son positivas en el crecimiento de las plantas.

Tabla 3. Análisis de varianza para fertilizantes.

F.V.	S.D.C.	GL	S2	FC	F. T.	
					5%	1%
E	0.68	2	0.34	5.48	3.15	4.98
R	3.40	51	0.062			
TOTAL	4.08	53	FC mayor FT (0.01)**			

Tabla 4. Prueba de Duncan para fertilizaciones.

	1.57	1.97
2.00	0.43**	0.03 NS
1.97	0.40**	

Nota:

X del Fe = 2.00

X del S = 1.07

X del testigo = 1.57

Finalmente, se muestran las medias de crecimiento en diámetro de la especie, tanto en los diferentes sustratos y como con la variada aplicación de fertilizantes.

ESPECIE	No.1	No.2	No.3	Hierro	Azufre	Testigo
M. guitartii	1.97	1.92	1.66	2.00	1.97	1.57

CONCLUSIONES

1. El análisis de varianza permitió detectar diferencias muy significativas (0.01%), tanto entre los diferentes sustratos como en la aplicación de los fertilizantes químicos utilizados.

2. La prueba de Duncan demostró que los mejores sustratos eran No. 1 y No. 2, además la influencia positiva de los dos fertilizantes químicos aplicados.

3. No son aconsejables para el cultivo, adiciones mayores de dos partes de humus en los sustratos.

4. La adición de fertilizantes de azufre y hierro en las cantidades suministradas tiene un efecto positivo en el crecimiento

REFERENCIAS

Alain, Hno. Y Hno. León. 1953. *Flora de Cuba*, Tomo III. Contribuciones ocasionales del Museo de Historia Natural de La Salle, 13. La Habana, pp.

Anderson, E. F. 2001. *The Cactus family*. Timber Press ed.776 pp.

Backeberg, C. 1966. *Des Kakteenlexicon*. Verlad. Jena, 358 pp.

Colectivo de autores. 1987. *Bioestadística y Computación*. Centro de Cibernética Aplicada. ISCMH. Editorial Pueblo y Educación. La Habana, 228 pp.

León, Hno. 1934. El género *Melocactus* en Cuba. *Mem. Soc. Cubana Hist. Nat.*, 8: 201-209.

Lerch, G. 1977. *La Experimentación en las Ciencias Biológicas y Agrícolas*. Editorial Científico-Técnica. La Habana, 452 pp.

www.ingramcontent.com/pod-product-compliance
Lightning Source LLC
Chambersburg PA
CBHW072251170526
45158CB00003BA/1051